Elmah Odhiambo

Resíduos da estrada

Elmah Odhiambo

Resíduos da estrada

Fontes, Impactos e Medidas de Mitigação

ScienciaScripts

Imprint

Any brand names and product names mentioned in this book are subject to trademark, brand or patent protection and are trademarks or registered trademarks of their respective holders. The use of brand names, product names, common names, trade names, product descriptions etc. even without a particular marking in this work is in no way to be construed to mean that such names may be regarded as unrestricted in respect of trademark and brand protection legislation and could thus be used by anyone.

Cover image: www.ingimage.com

This book is a translation from the original published under ISBN 978-3-659-77490-4.

Publisher:
Sciencia Scripts
is a trademark of
Dodo Books Indian Ocean Ltd. and OmniScriptum S.R.L publishing group

120 High Road, East Finchley, London, N2 9ED, United Kingdom
Str. Armeneasca 28/1, office 1, Chisinau MD-2012, Republic of Moldova, Europe
Printed at: see last page
ISBN: 978-620-7-97233-3

HISTORIAL DO AUTOR

Elmah O. Geoffrey é licenciado pela Universidade de Nairobi (57th *Graduation Ceremony)* com um Fist Class Honors Degree em BSc. Gestão de Agro-Ecossistemas e Ambiente e atualmente frequenta o Mestrado em Governação Ambiental no Instituto Wangari Maathai de Estudos para a Paz e o Ambiente da mesma Universidade.

Enquanto estudante de licenciatura, foi nomeado presidente do Clube do Ambiente no seu campus e, em dois anos diferentes, liderou uma delegação de estudantes apaixonados pelo ambiente nos Green Apple Days of Services organizados pela Kenya Green Buildings Society (KGBS).

A sua paixão e empenho em garantir um ambiente seguro começaram na escola primária e secundária, onde desempenhou funções de líder ambiental e de saúde.

DEDICAÇÃO

A investigação é dedicada a todos aqueles que são apaixonados pela segurança ambiental em todo o mundo e aos estudantes que estudam cursos relacionados com o ambiente.

RESUMO

A gestão de resíduos na maioria das cidades tornou-se um problema para a maioria dos dirigentes. À medida que nos esforçamos por avançar para uma cidade sem resíduos, é necessário adotar medidas incisivas e sustentáveis. Projectos como este permitir-nos-ão avançar para uma cidade sem resíduos, mesmo quando desejamos alcançar os Objectivos de Desenvolvimento Sustentável (ODS) recentemente lançados.

Este estudo foi efectuado com o objetivo de avaliar as várias fontes de resíduos poluentes à beira da estrada, os seus impactos no ambiente e possíveis medidas de mitigação. Foram utilizados dados primários e secundários. Os dados primários foram gerados através da realização de entrevistas orais e de observações no terreno para uma avaliação incisiva e inclusiva do ambiente, enquanto os dados secundários foram a informação sobre as fontes de resíduos poluentes na berma da estrada, os seus impactos no ambiente e as medidas de atenuação possíveis e viáveis obtidas a partir de literatura e revistas relevantes. As entrevistas foram semi-estruturadas, tendo sido adotado um método de amostragem intencional e analisadas descritivamente.

O estudo teve como objetivo encontrar as deficiências no que diz respeito à gestão de resíduos, especialmente nas bermas das estradas. Foram identificadas as principais fontes de resíduos na berma da estrada: o sector dos transportes, especialmente os passageiros que deitam resíduos pelas janelas dos veículos em que embarcam, os peões que caminham ao longo da estrada e isto acontece quando compram lanches e doces e depois deitam fora os materiais de embrulho sem cuidado, verificou-se que as instalações comerciais não dispunham de técnicas adequadas de tratamento de resíduos; No mesmo sector, a lavagem de carros também foi considerada um dos principais contribuintes para os numerosos resíduos na berma da estrada, o despejo ilegal de resíduos também foi testemunhado nas principais paragens ao longo da estrada de Ngong e, finalmente, a falta de esgotos, os sistemas de drenagem e o escoamento que vem com a chuva também foram identificados como as principais fontes de contribuintes para os resíduos na berma da estrada.

Estes resíduos afectam o ambiente de diferentes formas. Alguns desses impactos incluem o incómodo físico dos resíduos sólidos para o ambiente, as lixeiras de resíduos sólidos também servem de esconderijo para roedores e cobras, que são perigosos. Os resíduos sólidos são arrastados pelo vento, tornando o ambiente imundo, e a maior parte dos resíduos são também arrastados por escoamento superficial durante chuvas fortes, bloqueando os canais de drenagem e conduzindo subsequentemente a inundações do ambiente. A maioria dos resíduos sólidos não biodegradáveis contém substâncias químicas tóxicas que têm sérias implicações na sustentabilidade ambiental e na saúde humana. Com base na análise dos dados sobre as constatações e os impactos que têm, foram propostas medidas de atenuação adequadas, viáveis e possíveis na procura de uma cidade sem resíduos. A recolha diária de resíduos foi considerada uma forma segura de aliviar a acumulação de resíduos nas instalações comerciais, o que conduz a descargas ilegais e, em alguns casos, os resíduos podem ser arrastados pelo vento ou pelo escoamento. Verificou-se que a recolha de resíduos é feita uma vez por semana e, noutras zonas, duas vezes por semana, embora os resíduos sejam produzidos diariamente. A instalação de contentores de lixo e a construção de lixeiras ou aterros em locais estratégicos e mais seguros também foi considerada uma medida de mitigação. Para além disso, a instalação de câmaras secretas em parceria com os proprietários de Matatu e a autoridade dos transportes para monitorizar os passageiros que deitam resíduos pela janela, de modo a que as taxas que lhes são aplicadas possam ser utilizadas para pagar aos funcionários que limpam as estradas. Estas e outras medidas estão disponíveis nos capítulos seguintes.

Foi também necessário um controlo adequado dos esgotos para combater o seu transbordo na berma da estrada, uma vez que se verificou que vários deles correm ao longo da estrada. A consciencialização ambiental através de seminários e de meios de comunicação social impressos e visuais era também necessária para sensibilizar os cidadãos para a necessidade de conservar e proteger o ambiente. A instalação de caixotes do lixo em locais estratégicos também foi considerada uma ajuda significativa para reduzir os resíduos na berma da estrada.

A gestão de resíduos é uma questão crítica que deve ser analisada com atenção e tratada corretamente por todos os que se preocupam com o ambiente. É do conhecimento de todos que o nosso ambiente inclui todas as condições externas que rodeiam os organismos vivos e afectam o seu modo de vida.

Palavras chave

Zona de estrada, resíduos poluentes, impactos, ambiente, atenuação

LISTA DE ACRÓNIMOS

KGBS	– Kenya Green Buildings Society
EPA	– Environmental Protections Agency
CBD	– Central Business District
MOA	– Matatu Owners Associations
WSDOT	– Washington State Department of Transport

ÍNDICE DE CONTEÚDOS:

CAPÍTULO 1

ANTECEDENTES INTRODUÇÃO

Um vasto leque de materiais indesejáveis encontra o seu caminho na berma da estrada, incluindo garrafas de plástico, papéis, lamas, lixo, água suja e resíduos de estabelecimentos comerciais, entre outros. Todos estes materiais são designados por resíduos poluentes na berma da estrada. Dão um aspeto sujo às nossas estradas e é por isso que devem ser geridos corretamente, uma vez que diminuem a beleza das estradas.

A quantidade de lixo que se acumula por hora na maioria dos centros do condado de Nairobi é superior à dos colectores e esta é uma das principais razões pelas quais a gestão dos resíduos tem sido vista como um espinho na carne pela maioria das autoridades. Isto exige medidas rigorosas para combater a acumulação contínua de resíduos.

Os resíduos da estrada são caracterizados por materiais biodegradáveis e não biodegradáveis, pelo que é necessário que as autoridades locais encontrem formas de separar estes resíduos para facilitar a sua gestão. No entanto, isto não é feito na maioria dos países em desenvolvimento, como deveria ser o caso. As estatísticas indicam que a maior parte da poluição dos cursos de água ou dos rios da cidade de Nairobi resulta da deficiente eliminação dos resíduos nas bermas das estradas e de um sistema de esgotos pouco saudável.

Alguns destes resíduos que chegam aos rios ou ribeiros contêm muitos metais pesados e são, por isso, muito perigosos para a saúde humana e para as pessoas que, intencionalmente ou não, utilizam a água dos ribeiros. Os metais pesados são perigosos porque causam cancro e infertilidade, entre outros.

Estudos efectuados demonstraram que os políticos também contribuem muito para a poluição das estradas. Muitos políticos regozijam-se com a colocação de cartazes ao longo das estradas, pois é aí que podem atrair o público. O que se esquecem é de os retirar após o período eleitoral. Existem leis sobre o mesmo assunto, mas não são aplicadas e, nos casos em que são aplicadas, a corrupção faz com que as vítimas sejam libertadas. De facto, os políticos trabalham arduamente para que o ambiente permaneça sujo. Muitos destes cartazes permanecem até às eleições seguintes, e os animais de pastoreio, como vacas e cabras, em conjunto com a chuva natural, servem muitas vezes o objetivo de os remover em nome dos políticos.

O sector dos transportes também tem sido observado como um dos principais poluentes das estradas. Os passageiros compram snacks e bebidas, mas acabam por deitar fora os sacos e garrafas de plástico pelas janelas. Por conseguinte, é importante que esta situação seja resolvida, uma vez que é muito prejudicial para o ambiente. Devem ser tomadas medidas para garantir que isto não aconteça nos nossos *matatus*. Para além disso, também se observou que carros particulares participam na eliminação de resíduos na estrada.

CAPÍTULO 2

2.0 CAPÍTULO DOIS: OBJECTIVOS DA INVESTIGAÇÃO

2.1 Objetivo geral

1. Contribuir para uma cidade sem resíduos que apoie uma vida saudável no condado de Nairobi.

2.2 Objectivos específicos

i. Determinar as fontes de resíduos poluentes à beira da estrada ao longo da estrada de Ngong, no condado de Nairobi

ii. Identificar os impactos dos resíduos poluentes à beira da estrada ao longo da estrada de Ngong, no condado de Nairobi

iii. Determinar as medidas de atenuação no controlo dos resíduos poluentes à beira da estrada ao longo da estrada de Ngong, no condado de Nairobi

2.3 Questões de investigação

i. Quais são as fontes (principais/minoritárias) de resíduos poluentes na berma da estrada?

ii. Que impacto têm estes resíduos poluentes no nosso ambiente?

iii. Como controlar estes resíduos poluentes na estrada?

CAPÍTULO 3

3.0 DESCRIÇÃO DO PROBLEMA

Todos os seres humanos desejam estar associados a um ambiente saudável, onde possam respirar ar fresco e apreciar diariamente a beleza da natureza. No entanto, este não é o caso da maioria das pessoas que vivem nas cidades. Direta ou indiretamente, as mesmas pessoas que desejam um ambiente mais limpo contribuem para o sujar.

As nossas bermas têm sido as vítimas dos últimos tempos. Quando se entra de carro no centro da cidade de Nairobi, nota-se uma grande quantidade de resíduos poluentes ao longo das estradas e, no centro da cidade, os funcionários do município varrem fisicamente as estradas para remover resíduos que vão desde papéis a plásticos.

Este facto constitui a base do presente estudo, que tem por objetivo avaliar as fontes destes resíduos poluentes, os seus impactos e a forma como podem ser atenuados. As estatísticas mostram que a maioria destes poluentes acaba em cursos de água e sistemas de drenagem, onde causam mais danos, incluindo a obstrução dos sistemas de drenagem.

Não há nenhum estudo conhecido que tenha sido feito para avaliar as fontes de resíduos poluentes na berma da estrada, especificamente no Quénia. Além disso, não existem medidas de atenuação ou legislação adequadas para travar o problema e, se existem, são pouco aplicadas.

CAPÍTULO 4

4.0 JUSTIFICAÇÃO DO ESTUDO

Uma avaliação dos poluentes dos resíduos da estrada ajudará a elaborar legislação adequada e a adotar medidas de atenuação. Ao efetuar este estudo, serão identificadas as fontes destes poluentes, determinados os seus impactos e aplicadas medidas de atenuação.

Atualmente, não há recolha adequada de resíduos de casa em casa em termos de instalações comerciais, monitorização frequente dos esgotos e gestão adequada dos resíduos pelos proprietários *de matatu*, pelo que os passageiros deitam os resíduos de qualquer forma, mesmo através das janelas. Além disso, não existem leis sobre a gestão de resíduos nas bermas das estradas e, se existem, não são eficazes.

Este facto constitui a base do presente estudo, uma vez que visa responder a lacunas e questões relacionadas com a gestão de resíduos na estrada.

5.0 CAPÍTULO TRÊS: ANÁLISE DA LITERATURA

As aspirações humanas de desenvolvimento económico estão a colidir com os limites da natureza. Os países menos desenvolvidos desejam desesperadamente a riqueza e os padrões de consumo prevalecentes nas nações desenvolvidas. No entanto, o desenvolvimento industrial e urbano, tal como está atualmente organizado, não pode ser sustentado.

Na maioria das nações em desenvolvimento, como a Nigéria, com cerca de 140 milhões de habitantes, os resíduos são despejados indiscriminadamente nas bermas das estradas e em quaisquer fossas abertas disponíveis, independentemente das implicações para a saúde das pessoas. Todas as classes de resíduos sólidos são recolhidas e despejadas em conjunto, sem grande esforço de separação e diferenciação dos diferentes componentes dos resíduos sólidos. Há casos em que estes resíduos são despejados nos sistemas de drenagem ou nos cursos de água que atravessam as estradas.

Nestes países em desenvolvimento, os locais anteriormente utilizados como lixeiras são frequentemente convertidos em terrenos agrícolas sem qualquer tratamento. As plantas cultivadas nesses solos absorvem substâncias tóxicas como os metais, que acumulados nos tecidos das plantas representam riscos para o ambiente e para a saúde.

A humanidade depende do ambiente para sustentar as suas vidas e os resíduos sólidos são um dos principais problemas ambientais. Ayuba *et al* (2013). Os resíduos sólidos tornaram-se difíceis de gerir. Além disso, a deficiente eliminação de resíduos líquidos; a água da lavandaria, da lavagem de automóveis à beira da estrada e dos hotéis também tem sido um dos principais contribuintes para a poluição à beira da estrada. Alguns destes resíduos são despejados nos sistemas de drenagem.

O aumento da população, associado à urbanização, dificultou a gestão do ambiente, uma vez que se produz muito, mas apenas se recolhem alguns resíduos, o que exige um maior número de colectores. Em algumas cidades, os resíduos são recolhidos duas vezes por semana e noutras uma vez por semana. A recolha de resíduos deveria e deve, portanto, ser diária, uma vez que os resíduos são produzidos diariamente e não duas vezes por semana ou uma vez por semana.

O estado atual da poluição causada pelos sacos de plástico no Quénia é alarmante. Recentemente, o Ministério do Ambiente e dos Recursos Naturais anunciou a proibição da utilização de sacos de plástico. No entanto, os quenianos deveriam estar mais preocupados com a alternativa aos sacos de plástico, porque as nossas florestas também desempenham um papel importante no ambiente. Por conseguinte, as árvores não devem ser sobreexploradas numa tentativa de fornecer uma alternativa aos sacos de plástico. Muitas vezes, quando essas proibições são impostas, os fabricantes recorrem geralmente aos tribunais para que a proibição seja levantada, uma vez que constitui uma ameaça para a sua atividade. Isto traz outro desafio que deve ser abordado com sobriedade para uma vida sustentável.

Na maioria das cidades do Quénia, a eliminação dos resíduos e a drenagem das águas pluviais são ineficientes, os resíduos são eliminados indiscriminadamente e não existem canais definidos adequados para a drenagem das águas pluviais. É muito comum encontrar as linhas de drenagem cheias de resíduos após a chuva. Os resíduos destas lixeiras à beira da estrada são muito poluentes dos cursos de água, das águas subterrâneas e de todo o ambiente. O cenário feio que recebe os visitantes quando se aproximam da cidade de Nairobi, por exemplo, está a tornar-se preocupante.

Um estudo efectuado em Barbados indica que o lixo na estrada é predominantemente não biodegradável, com predominância do plástico e do papel em relação ao lixo perigoso e especial. A fonte mais comum são as pessoas que comem e bebem durante a viagem. Outras caraterísticas de grupo inferenciais, mas menos populares, associadas à deposição de lixo, por ordem decrescente, incluem o tabagismo, a utilização de sacos, a higiene pessoal e a atividade sexual. Tanto as categorias de estrada como as de recolha são significativamente diferentes. Além disso, a análise estatística também mostra que as paragens de autocarro e as lojas/minimercados/estações de serviço têm uma correlação significativa com a quantidade de lixo encontrada perto dessas áreas.

Parece ser necessário um plano estratégico abrangente que aborde todos os aspectos da deposição de lixo, incluindo a divulgação de informações, para reduzir o lixo na estrada (Lolita et al., 2006).

A razão pela qual encontramos lixo ou resíduos nas nossas estradas reside no facto de alguns membros do público considerarem a deposição de lixo como socialmente aceitável; assim, qualquer objeto que já não seja considerado útil é largado na berma da estrada, incluindo objectos como roupas, que não se esperaria encontrar.

Entre as principais categorias de lixo, duas categorias que dominam são o plástico e o papel, por esta ordem. É interessante notar que, nas subcategorias de lixo, a proporção de sacos de plástico é muito superior à de sacos de papel. Este facto indica a popularidade do uso do plástico por ser barato e durável (O'Hara et al., 1988) em comparação com o papel. As restantes grandes categorias e subcategorias de lixo, embora em baixa proporção, são componentes consistentes do fluxo de lixo.

Duas caraterísticas de grupo associadas à deposição de lixo, incluindo comer e beber, e os utilizadores de sacos representam mais de 75% das caraterísticas de grupo, porque muitas pessoas estão habituadas a deitar fora artigos usados indesejados de forma irresponsável após o consumo de alimentos e bebidas. A categoria "utilizadores de sacos" está principalmente relacionada com a utilização de sacos (sobretudo de plástico) para alimentos e bebidas, em que o saco é eliminado logo após a compra.

Embora seja possível comprar alimentos e/ou bebidas sem saco, quer pelo facto de o vendedor não fornecer um saco, quer pelo facto de o comprador recusar o saco, existe evidentemente uma procura de sacos, possivelmente porque o comprador não quer que outros vejam o artigo comprado.

Isto apesar do facto de o comprador retirar os artigos do saco, na maioria dos casos, imediatamente após a compra. Os sacos de plástico são encontrados nas bermas das estradas em vez de serem transportados para um local de eliminação adequado, como um caixote do lixo ou em casa, ou mesmo para reciclagem e reutilização. Ocasionalmente, os sacos de plástico atirados para a berma da estrada continham lixo doméstico.

CAPÍTULO 6

6.1 CAPÍTULO QUATRO MATERIAIS E MÉTODOS

6.1 Local de estudo

O estudo foi realizado ao longo da estrada de Ngong, na capital do Quénia, o condado de Nairobi, que se estende por Karen até ao círculo eleitoral de Kajiado North, no condado de Kajiado. A estrada é conhecida pelo seu congestionamento de tráfego endémico. A maior parte da estrada é de sentido único e também estreita, embora muitos veículos sigam a rota e, consequentemente, muitos passageiros e peões também.

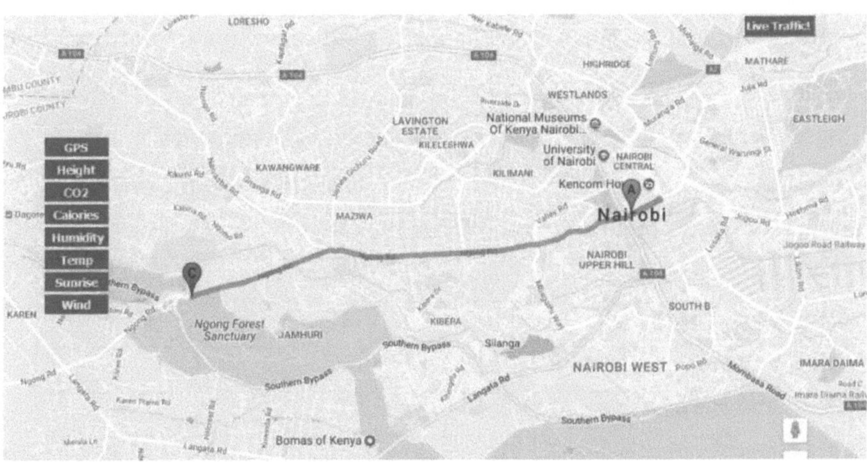

Imagem 1: Imagem do Google Map da estrada de Ngong a partir do CBD de Nairobi

6.2 Método de estudo

6.2.1 Observações no terreno

Foram efectuadas observações ao longo da estrada a partir do Central Business District (CBD) e, em muitos casos, foram tiradas fotografias, especialmente em áreas que apresentavam sinais/presença de resíduos à beira da estrada.

Para evitar qualquer suspeita por parte das pessoas, foram utilizadas câmaras de telemóveis para captar as fotografias. As observações foram feitas em áreas selecionadas, nomeadamente: Prestige, Dagoretti comer, Racecourse, Karen, Embulbul e centros de Ngong

6.2.2 Entrevistas (Entrevistas orais)

Foram realizadas entrevistas orais semi-estruturadas com base nos três objectivos específicos para uma avaliação holística e aprofundada do ambiente; as perguntas seguintes foram colocadas aleatoriamente e em pontos específicos onde se observou um nível consideravelmente mais elevado de resíduos na berma da estrada.

i. De onde é que acha que vêm os resíduos da estrada?

ii. Que efeitos têm os resíduos para si e para o meio ambiente?

iii. Na sua opinião, qual a melhor forma de gerir e reduzir estes resíduos?

As perguntas foram colocadas nas zonas acima indicadas, onde foram efectuadas observações no terreno.

Com base nas entrevistas, foram obtidas as seguintes conclusões.

Source	No. of Respondents
Transport sector (both public and private)	18
Business premises	13
Pedestrians	10
Illegal dumping	17
Poor drainage systems and Runoffs	7
Total	**55**

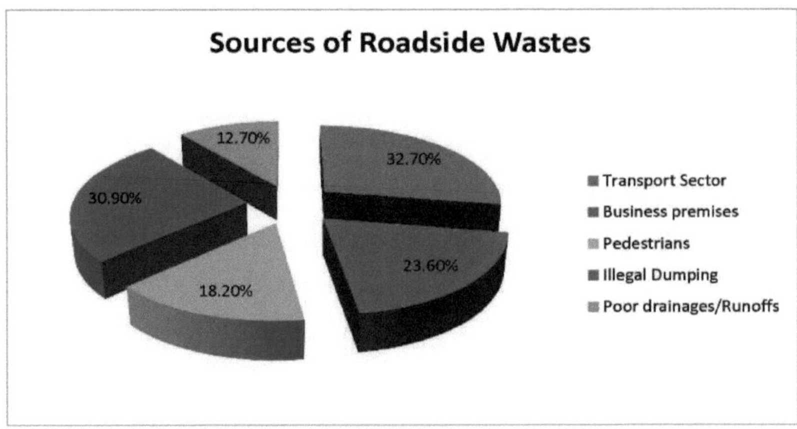

***Figura* 1.1**: *Relação entre o crescimento da população e o aumento dos resíduos*

A partir do gráfico, é evidente que existem três fontes principais de resíduos na berma da estrada: o sector dos transportes, as instalações comerciais e as descargas ilegais. Os sectores contribuíram em grande medida para os resíduos de beira de estrada observados ao longo da estrada.

No entanto, é de notar que as fontes estão distribuídas de forma homogénea e contribuem com uma percentagem quase igual no que diz respeito aos resíduos da estrada. Isto significa, portanto, que o problema que enfrentamos no que diz respeito à gestão de resíduos é antropogénico, justificando assim a afirmação de que os seres humanos são os principais autores dos seus próprios infortúnios.

Os impactos destas questões são sentidos pelos seres humanos e é justificável sugerir que até mesmo as soluções para a questão da gestão dos resíduos na berma da estrada são da sua responsabilidade. Por conseguinte, não se trata de falta de leis, instituições ou estruturas, mas de más atitudes.

Muitas pessoas não encontram qualquer defeito no facto de deitarem os seus resíduos de qualquer maneira nas estradas, uma vez que eram bons e que se aperceberam disso. De acordo com as respostas recebidas, isto significa simplesmente que o problema da ignorância e da falta de cuidado está profundamente enraizado na sociedade e, em maior medida, nas culturas. Quando alguém não é capaz de encontrar uma falha que esteja a sujar o ambiente, mas deseja viver num ambiente limpo, isso torna-se uma tragédia e essa pessoa é uma vergonha para as gerações actuais e futuras.

As conclusões pormenorizadas sobre fontes específicas são discutidas no presente documento.

CAPÍTULO 7

7.1 CAPÍTULO CINCO: FONTES DE RESÍDUOS NA BERMA DA ESTRADA

Os seres humanos são sempre co-autores dos seus próprios infortúnios; a maior parte dos problemas que experimentamos no nosso quotidiano são antropogénicos. Penso que não são as nossas estradas que estão sujas, mas sim as pessoas que as utilizam que estão sujas. Os resíduos que vemos nas nossas estradas não andam por lá e, mesmo quando são levados por agentes da natureza como os ventos, são os seres humanos que os levam para as estradas, direta ou indiretamente, expondo-os a condições que permitem a sua movimentação por agentes como o vento e o escoamento.

Com base neste estudo, verificou-se que foram várias as fontes que contribuíram para os resíduos das bermas das estradas. As observações no terreno e as entrevistas orais foram fundamentais para estas conclusões;

7.2 Aumento do crescimento demográfico (migração rural-urbana)

O crescimento da população exige mais recursos e, para além disso, conduz ao congestionamento e à concorrência por um espaço limitado. Neste contexto, os recursos são incorretamente tratados, o que leva à sua destruição e, consequentemente, à produção de resíduos. Quando uma cidade não é capaz de conter a sua população, a cidade está a caminhar para grandes problemas, mais especificamente no que diz respeito à gestão do seu meio envolvente.

O estudo concluiu que o aumento da população é diretamente proporcional ao aumento da produção de resíduos. Por conseguinte, são produzidos diariamente mais resíduos que se revelaram demasiado difíceis de tratar pelas autoridades locais e pelos colectores de resíduos. Este facto levou à conclusão de que quanto maior a população, maior a produção de resíduos.

Juntamente com o aumento do crescimento está a expansão urbana não planeada que, nos últimos tempos, excedeu o limite esperado, resultando num sistema de eliminação de resíduos sólidos que faz com que o nosso ambiente pareça sujo e feio. Na zona de Dagorreti, ao longo da estrada de Ngong, existem aglomerados informais que são mais baratos e ocupados pela maioria da população; a produção de resíduos é excessiva na zona, como se pode ver ao longo da estrada.

Além disso, o aumento da população leva à irresponsabilidade, uma vez que todos esperam que o vizinho faça o trabalho de limpeza e, noutras circunstâncias, de deitar fora os resíduos, acreditando que alguém os irá recolher. A longo prazo, os resíduos são transportados para as estradas.

De acordo com os nove inquiridos a quem foi perguntado se o aumento da população tem alguma coisa a ver com o aumento dos resíduos, 66,7% afirmaram que o aumento da população é diretamente proporcional ao aumento dos resíduos, enquanto 33,3% eram da opinião contrária, sendo que estas pessoas eram maioritariamente oriundas dos aglomerados informais e não sabiam explicar por que razão pensavam assim.

Response	No. of respondents	Percentage
Yes	6	
No	3	

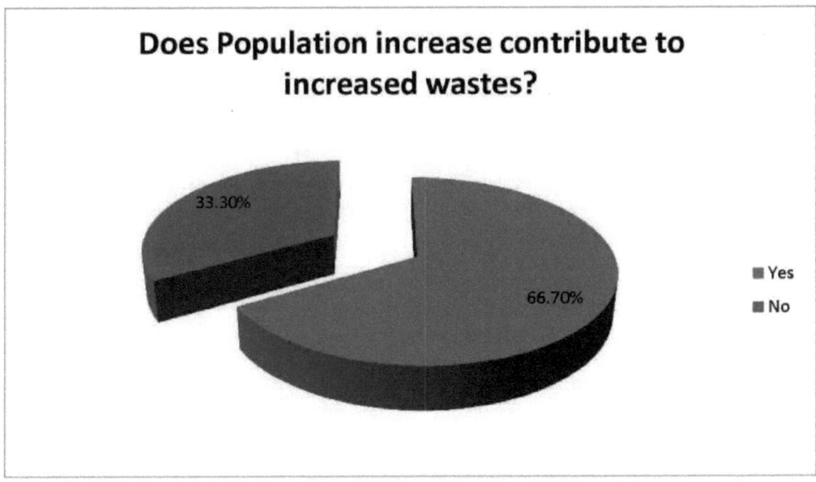

Figura 1.2: Relação entre o crescimento da população e o aumento dos resíduos

7.3 Setor dos transportes

Este sector incluía veículos públicos e privados, sendo os mais predominantes os *matatus* que transportavam passageiros de e para a cidade. Verificou-se que este sector é um dos principais contribuintes para os resíduos da estrada das seguintes formas

i. A maioria dos *Matatus* não dispunha de meios adequados para eliminar os seus resíduos, nem de contentores de lixo para acomodar os resíduos gerados no seu interior. Como resultado, a maior parte deles despeja/descarta os seus resíduos nas áreas de estacionamento onde apanham e deixam os passageiros, como se mostra abaixo.

Imagem 2*: Uma imagem da área da paragem de autocarro cheia de passageiros*

ii. Em segundo lugar, a maior parte dos passageiros que viajam nos *matatus* e mesmo em veículos privados compram normalmente snacks e produtos alimentares e, por ignorância e descuido, deitam os seus resíduos pelas janelas e para a berma da estrada.

iii. Verificou-se também que alguns dos veículos que recolhem os resíduos têm uma capacidade de carga superior à sua capacidade e, por isso, à medida que circulam nas estradas, os resíduos caem na berma da estrada, sendo alguns soprados pelo vento.

iv. Verificou-se também que, sempre que ocorrem acidentes, especialmente ao longo das estradas, os resíduos, por exemplo, vidros e peças de veículos e fugas de óleo, não são tratados adequadamente. Em muitos casos, os inquiridos disseram que são deixados no local do acidente e só são removidos pelo vento ou pela água quando chove.

7.3 Instalações comerciais

Os estabelecimentos comerciais vão desde hotéis, lojas de venda por grosso e a retalho, centros de lavagem de automóveis, estações de serviço, entre outros. Verificou-se que estes estabelecimentos existem em grande número, uma vez que muitos seres humanos retiram a sua fonte de subsistência do sector empresarial.

Durante a realização deste estudo, verificou-se que muitas destas instalações foram construídas não muito longe das estradas para facilitar o acesso; no entanto, não dispunham de disposições adequadas para a gestão de resíduos.

Para começar, as áreas de lavagem de automóveis estão localizadas muito perto das estradas, uma vez que os veículos são a sua "matéria-prima". No entanto, fazem a sua limpeza e canalizam os resíduos provenientes dos automóveis para a berma da estrada.

Pelo menos 70% não conseguiram explicar como gerem as suas águas residuais, para não falar dos resíduos que encontram no interior dos veículos durante a lavagem.

Trata-se de uma tragédia e de um perigo para o ambiente. De facto, também são da opinião de que vêem os outros a fazer o mesmo e, por isso, também fazem o mesmo, o que traz de volta a questão da ignorância e da cultura.

Imagem 4: Uma imagem de uma lavagem de carros junto à estrada que canaliza os seus resíduos para a berma da estrada

Verificou-se que os bares, restaurantes e hotéis não dispunham de sistemas de gestão de resíduos adequados. Muitos hotéis têm um cano que sai do hotel e que encaminha os resíduos para a estrada, pelo que, quando se caminha ao longo da estrada, o utente encontra resíduos de vários tipos, desde restos de comida a papéis e água suja. Na maioria dos bares e restaurantes, a questão principal era a eliminação de copos/garrafas, alguns deles improvisaram locais de despejo mesmo por baixo da estrada, onde despejam copos com a ideia de que o escoamento será recolhido e despejado noutro local. Seguem-se fotografias que comprovam as conclusões;

Image 5 An image of a pipe delivering hotel wastes into the road – Embul bul centre

Image 6 A source of a restaurant's dumpsite on the roadside—Dagoretti

Trata-se de indivíduos que caminham nas estradas ou ao longo delas. Verificou-se que, em muitos casos, compram produtos/mercadorias para levar, desde doces a bebidas, e quando acabam de comer ou beber deitam as garrafas e os pacotes descuidadamente para a berma da estrada. A maior parte destas situações acontece nas paragens de autocarro onde *os matatus* apanham e deixam os passageiros. A imagem abaixo ilustra a evidência do que os passageiros efetivamente deixam cair na berma da estrada.

7.5 Despejo ilegal

Esta é a prática de depositar ou despejar resíduos em áreas não designadas. Durante o período de recolha de dados, verificou-se que o despejo ilegal é galopante ao longo das estradas e, mais especificamente, durante a noite. Os inquiridos informaram que, por vezes, os colectores de lixo não levam os resíduos para os locais designados, como a lixeira de Dandora, na periferia da cidade, mas esperam que escureça durante a noite e despejam os resíduos na berma da estrada antes de fugirem a grande velocidade.

Este tipo de despejo também se verificou no seio do agregado familiar, especialmente nos que vivem ao longo das estradas; também eles esperam que escureça e deitam os resíduos na berma da estrada, pois acreditam que não são vistos. De facto, uma inquirida confirmou que também foi vítima, mas prometeu mudar a sua atitude em relação à conservação dos arredores.

Image 8: Evidences of illegal dumping on the road side

Image 9: Evidences of illegal dumping on the road side

7.6 Sistema de esgotos deficiente e escoamento

Quando um sistema de esgotos deixa de desempenhar a sua função como esperado e, em muitos casos, está sujeito a fugas e rupturas, é considerado deficiente. Verificou-se que vários sistemas de esgotos foram construídos ao longo das estradas e eram propensos a fugas e derrames. Quando isto acontece, a sujidade do sistema, incluindo o lixo humano, os resíduos domésticos e as lamas, corre para os sistemas de drenagem das estradas e, noutras ocasiões, para a estrada.

Os escoamentos são, no entanto, fontes dependentes de resíduos na berma da estrada, alguns inquiridos tentaram negar que fossem responsáveis pelos resíduos na berma da estrada. Argumentaram que quando chove, os resíduos são transportados para a berma da estrada pela água corrente. O argumento foi considerado verdadeiro, no entanto, notou-se que a chuva não apanha os resíduos dos seres humanos, mas sim os seres humanos que expõem os resíduos em áreas onde podem ser apanhados pelas águas pluviais e transportados para diferentes áreas e, neste caso, para a berma da estrada.

8.0 CAPÍTULO SEIS IMPACTOS DOS RESÍDUOS DA ESTRADA NO AMBIENTE

Os impactos são basicamente as consequências dos resíduos, simplesmente o valor (negativo ou positivo) que acrescentam ao ambiente. Em quase todos os casos, se não em todos, os resíduos têm um impacto negativo no ambiente. Durante este estudo, foram registados vários impactos negativos dos resíduos no ambiente.

Para começar, há cenas horríveis em várias zonas quando se conduz pela estrada de Ngong. É de notar que a expressão "resíduos à beira da estrada" é genérica e, por conseguinte, inclui resíduos líquidos, sólidos e gasosos que se encontram ao longo da estrada. Os veículos que emitem resíduos gasosos escuros dos seus tubos de escape também apresentam uma cena feia, especialmente para os visitantes que podem estar a utilizar a estrada pela primeira vez. Isto foi observado em muitos dos *matatus* que, na opinião dos inquiridos, não estão em condições de circular na estrada e, por isso, não merecem circular nela. Os derrames dos sistemas de esgotos também apresentam uma cena feia. Esta situação foi observada sobretudo quando se sai da cidade de Ngong para Embulbul e também de Racecourse para Dagoretti. As descargas ilegais ao longo da estrada são as piores cenas.

Os montes de lixo, que emitem um mau cheiro ofensivo, dão as boas-vindas aos visitantes que circulam pela estrada, especialmente no centro de Dagoretti. De facto, é de perguntar como é que os pequenos negócios são geridos nestas zonas. Nenhum hóspede quereria ficar nestas zonas por causa do mau cheiro que sugere uma área imunda. A imagem abaixo descreve o mau cheiro e o odor desagradável.

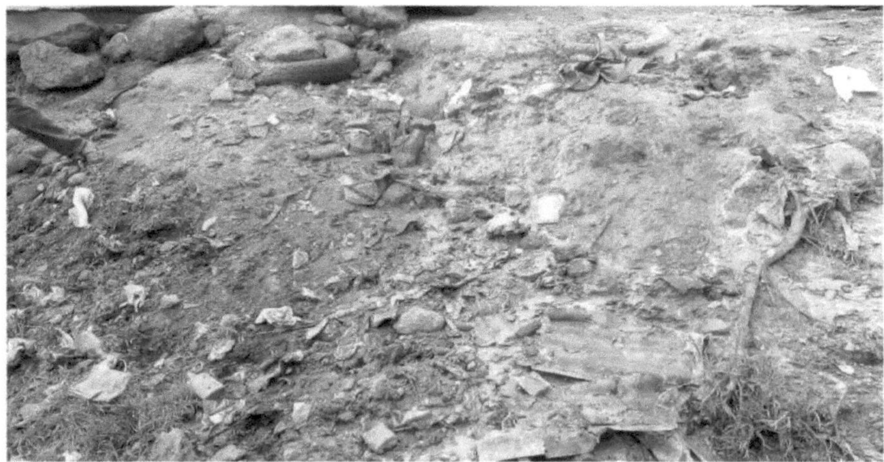

Também se constatou que muitos destes resíduos são transportados para os rios de Nairobi e têm sido a principal causa da poluição registada nesses rios. O mau cheiro desses rios é assustador e a água que corre nesses rios não corresponde às caraterísticas da água, que é incolor. De facto, a água desses rios é de cor escura, o que indica uma contaminação grave por resíduos de caraterísticas variadas, incluindo, entre outros, metais pesados e detritos humanos. As conclusões são as seguintes;

Os resíduos despejados ilegalmente que decoram as principais bermas das estradas em Dagoretti e noutras zonas servem de bons esconderijos para roedores e cobras. Estes roedores são conhecidos por serem vectores da mortal *febre de Lassa* e as cobras são também conhecidas por serem venenosas. Além disso, os resíduos biodegradáveis são um bom local de reprodução para baratas e moscas domésticas e também criam água estagnada que serve de local de reprodução para os mosquitos. Estes propagam várias doenças como a cólera, a febre tifoide, a malária e a febre amarela. Por conseguinte, tem um impacto negativo na saúde dos ocupantes da zona. As duas imagens abaixo justificam as conclusões.

Estes resíduos da berma da estrada foram arrastados das pilhas de resíduos sólidos na berma das estradas pela tempestade, espalhando-se por todo o ambiente. Alguns destes resíduos sólidos são arrastados pela chuva para os esgotos/calhas que foram feitos para o livre escoamento da água e acabam por bloqueá-los, impedindo o fácil escoamento da água e, subsequentemente, provocando inundações na autoestrada e até nas casas das pessoas. O entupimento dos esgotos por resíduos sólidos, especialmente materiais não biodegradáveis, como plásticos e materiais de polietileno, leva a uma situação em que massas de água estagnadas e esgotos/ sarjetas não limpos correm mesmo em frente de habitações e das principais auto-estradas. Isto afecta negativamente o ambiente e também os residentes.

O entupimento dos esgotos por detritos retirados das lixeiras pelo escoamento durante as tempestades é a principal causa das inundações na cidade de Nairobi, o mesmo acontecendo noutras cidades do país, como Mombaça e Kisumu.

Para além dos danos físicos causados ao ambiente pela deposição de resíduos sólidos à beira da estrada, os estudos mostraram que a maioria dos materiais sintéticos ou não biodegradáveis que são depositados nestas lixeiras a céu aberto à beira da estrada contêm alguns elementos químicos nocivos que têm a sua origem nas lixeiras em decomposição que pontilham toda a zona envolvente do local de estudo.

O estudo também descobriu que, ao longo da estrada, existem vários viveiros privados de árvores.

Os responsáveis por estes viveiros utilizam a água da estrada, que é tóxica e contém muitos metais pesados. As plântulas que criam, por sua vez, absorvem os metais pesados e os produtos químicos nos seus sistemas, que são mais tarde colhidos quando amadurecem, constituindo assim um perigo maior para os consumidores, especialmente para os seres humanos.

O gado, especialmente o bovino e o ovino, também foi observado ao longo da estrada e especificamente na berma da estrada.

A maior parte deles come os resíduos que constituem os sacos de polietileno e também bebe a água poluída ao longo da estrada. Acredita-se que estes resíduos se movem ao longo da cadeia alimentar e afectam tanto a vida animal como a humana. O saco de polietileno, especificamente, é considerado a causa da morte de muitos animais em todo o mundo. Abaixo está uma imagem de vacas a pastar ao longo da estrada.

CAPÍTULO 9

9.0 MEDIDAS DE ATENUAÇÃO

Os princípios do desenvolvimento sustentável são fundamentais para resolver muitos problemas que afectam o ambiente e os seus recursos. Como desejamos criar mecanismos preventivos para garantir que o nosso ambiente seja guardado e protegido contra danos, as nossas acções devem beneficiar a geração atual sem comprometer a geração futura e é por isso que é necessário envolver cada parte interessada no que diz respeito à gestão dos resíduos da estrada.

Para começar, verificou-se que não existe uma recolha adequada de resíduos de casa em casa e que a frequência da recolha de resíduos é de uma ou duas vezes por semana. Produzimos resíduos diariamente e é muito irónico que os resíduos só sejam recolhidos uma vez por semana, é preciso acabar com isto. Por conseguinte, deve haver uma recolha adequada de resíduos de casa em casa numa base diária e os colectores de resíduos que só vêm uma vez por semana devem começar a trabalhar numa base diária. Isto ajudará a acabar com a acumulação de resíduos a longo prazo.

Atualmente, não existe uma inspeção ambiental, especialmente numa base semanal ou mesmo diária. Uma inspeção deste tipo ajudará a monitorizar a taxa de produção de resíduos e a propor mecanismos para acomodar o número crescente de resíduos nas nossas estradas. Além disso, a autoridade dos transportes deve estabelecer uma parceria com as Associações de Proprietários de Matatu (MOA) para instalar câmaras secretas que captem os culpados, especialmente aqueles que deitam resíduos de qualquer maneira. Esses indivíduos devem ser multados e os salários obtidos com esse processo devem ser utilizados para pagar aos que limpam as estradas, o que também ajudará a erradicar a ociosidade entre os jovens, uma vez que terão algo para fazer.

A educação e a sensibilização ambiental devem ser levadas a sério; atualmente, a frequência com que isso é feito através dos meios de comunicação social ou de reuniões comunitárias é insuficiente. A colocação de faixas ao longo das estradas, a publicação de anúncios nos meios de comunicação impressos e visuais (televisão) ajudarão, a longo prazo, a sensibilizar os cidadãos para a necessidade de serem pessoas responsáveis, especialmente quando se trata de proteger o ambiente.

Verificou-se que não existia um controlo adequado dos esgotos, de facto, diariamente, é necessário encontrar esgotos a transbordar ao longo da estrada. Por conseguinte, é necessário que as autoridades locais e os funcionários do sector, em especial da empresa Nairobi Water and Sewerage, assumam a responsabilidade. Muitos deles gostam de trabalhar a partir do escritório e não sabem o que se passa exatamente no terreno ou nos campos.

Da mesma forma, é necessário haver organizações comunitárias que defendam a conservação do ambiente, especialmente ao longo das estradas. Algumas das que existem ou não estão à altura da tarefa ou carecem de capacidade financeira. O ambiente é fundamental para a sobrevivência humana e, por isso, qualquer governo responsável deve investir fortemente nele, uma vez que um ambiente limpo atrai investidores locais e internacionais. Atualmente, as questões relacionadas com o ambiente só são faladas de forma silenciosa, especialmente pelos líderes desta nação.

Verificou-se que as empresas não dispõem de sistemas/estruturas de gestão de resíduos adequados e recorrem à canalização ou ao despejo físico dos seus resíduos nas drenagens das estradas. Por conseguinte, é necessário proceder a uma auditoria adequada para que sejam criadas estruturas adequadas para combater os impactos causados por actos ignorantes de despejo de resíduos nas estradas. Não é que as leis não existam, o problema é a sua implementação e, no país, a maioria das leis só existe em papéis e nunca é mencionada em lado nenhum.

O Governo deve dar orientações adequadas e criar leis ambientais para o público em geral, bem como fornecer as instalações necessárias e providenciar melhores métodos de recolha de resíduos sólidos.

Por último, faltam caixotes do lixo nas zonas mais críticas. Certas zonas, especialmente as paragens de autocarro, deveriam ter caixotes do lixo maiores para evitar que os passageiros deixem cair os resíduos à medida que entram e saem dos *Matatus*. Esta medida deveria ser alargada aos estabelecimentos comerciais, para que, em vez de deitarem os resíduos nos esgotos à beira da estrada, tenham estruturas para depositar os seus resíduos cada vez maiores.

Acima de todas as recomendações, a solução, tal como anteriormente descrita, está nos indivíduos, é tempo de assumir a responsabilidade e agir de forma responsável para tornar o nosso ambiente melhor e mais verde. Contribuímos para o tornar sujo e somos também os destinatários dos impactos que resultam da confusão que criamos. A mitigação começa, portanto, por si e por mim. Temos de nos erguer e ser contados na luta para garantir um ambiente mais limpo, mesmo nos primórdios da criação, Deus ordenou ao homem que cuidasse do ambiente.

CONCLUSÃO E RECOMENDAÇÃO

Os resíduos na berma da estrada estão a aumentar de dia para dia e quanto mais cedo as partes interessadas se aperceberem disso, melhor. A longo prazo, se não forem tomadas medidas para combater este aumento, a catástrofe está à espreita, pois em breve as pessoas estarão a caminhar sobre resíduos e até a conduzir sobre resíduos.

As conclusões deste estudo revelaram que não existe um sistema organizado de recolha de resíduos sólidos urbanos ao longo da estrada de Ngong, especialmente a recolha de casa em casa, e que tanto os resíduos sólidos como os líquidos são indiscriminadamente depositados na berma da estrada em toda a área de estudo. O estudo também observou que a maioria das áreas construídas ao longo da área de estudo não estão bem planeadas para uma fácil identificação e recolha de resíduos.

 Observou-se também que a recolha de resíduos sólidos destas lixeiras à beira da estrada é feita semanalmente, o que resulta em pilhas crescentes de resíduos que são facilmente espalhados e dispersos durante as chuvas. A maior parte destes resíduos sólidos dispersos constitui um grande incómodo com impactos negativos no ambiente e na saúde humana, uma vez que se provou que a maioria dos elementos químicos tóxicos provém das lixeiras não biodegradáveis.

É de notar que a maioria destes resíduos é gerada pelo homem. Os resíduos não entram nas nossas estradas; ou os levamos ou os colocamos em exposição a agentes que os transportam para as estradas. A solução para o problema dos resíduos está, portanto, dentro de nós.

Um projeto como este não deve, portanto, ser apenas realizado, mas os resultados devem ser tidos em consideração e, finalmente, implementados. Uma série de problemas que muitas nações enfrentam têm respostas investigadas e escritas em documentos, revistas e livros, mas persistem devido à falta de implementação dos resultados da investigação. É altura de começar a agir e isso começa agora.

REFERÊNCIAS

Butu et al,. Impactos ambientais da eliminação de resíduos sólidos urbanos à beira da estrada em Kara, Estado de Nasarawa, Nigéria

Agência de Proteção do Ambiente (EPA), Journal on Waste Management Benefits, Planning and Mitigation Activities for Homeland Security Incidents

Revista Internacional de Investigação sobre Ambiente e Poluição -Vol. 1, No 1, pp.1 -19, setembro de 2013

Revista Internacional de Ciência e Desenvolvimento Ambiental, Vol.l, No.5, dezembro de 2010

Lolita Raffoul, Robin Mahon, Renata Goodridge- Roadside Litter in Barbados: Fontes e soluções

Onwughara et al,. Questões relacionadas com o hábito de eliminação de resíduos sólidos urbanos nas bermas das estradas, impactos ambientais e implementação de medidas adequadas

Práticas de gestão no país em desenvolvimento "Nigéria"

Richard Baldauf e David Nowak; Vegetação e outras opções de desenvolvimento para atenuar os impactos da poluição atmosférica urbana

Washington State Department of Transportation (WSDOT), *Standard Impacts and Mitigation Measures*

Banco Mundial (1995) "World Bank participation source book". Washington, D.C.: Departamento do Ambiente, Banco Mundial.

UNCED (1992) "Agenda 21, Conferência das Nações Unidas sobre Ambiente e Desenvolvimento (UNCED)". Nova Iorque: Assembleia Geral das Nações Unidas.

yes
I want morebooks!

Buy your books fast and straightforward online - at one of world's fastest growing online book stores! Environmentally sound due to Print-on-Demand technologies.

Buy your books online at
www.morebooks.shop

Compre os seus livros mais rápido e diretamente na internet, em uma das livrarias on-line com o maior crescimento no mundo! Produção que protege o meio ambiente através das tecnologias de impressão sob demanda.

Compre os seus livros on-line em
www.morebooks.shop

Printed by Books on Demand GmbH, Norderstedt / Germany